U0183393

大艺术家讲萌趣动物

［法］蒂埃里·德迪厄◎著／绘　　郑宇芳◎译

四川科学技术出版社

写在前面的话

《美丽中国》纪录片副导演　杨晔

从我记事开始，动物总是相伴于我的生活和成长。下雨天，门前马路上跳过的青蛙，动物园里在笼中徘徊的黑豹，小学毕业旅行时在青海湖见到的一群斑头雁，初中在操场做操时飞过树林的一只大猫头鹰……这些记忆伴随着我的成长，为一个孩子的童年带来了无限的快乐和梦想。

那时，互联网还没有普及，想要了解动物知识并非易事，介绍动物的科普书大部分是文字版的，而且充满了各种专业名词，对于一个刚刚识字的孩子来说，只能望书兴叹。毕业后，我进入英国广播电视公司（BBC）自然历史部，从事野生动物纪录片的相关制作工作。在工作之余的闲暇时光，我和同事们一起吃饭聊天，才知道他们并不一定是野生动物专业科班出身，但他们从小都非常热爱自然、热爱动物。他们通过各种渠道来了解动物们的种种故事，而图书，特别是那些制作精美、画面生动的科普图画书，曾在他们幼小的心灵里播撒下了科学的种子，激起了他们对自然的热爱、对动物保护的兴趣，促使他们将这种热爱和兴趣发展成为职业，从而开始了动物保护事业。

今天，我很高兴可以和大家聊聊这样的科普图画书。这套《大艺术家讲萌趣动物》由法国著名的艺术家、图画书作家蒂埃里·德迪厄创作，他在法国享有盛名，曾荣获女巫奖、龚古尔文学奖等重要奖项。为了表彰他在儿童文学领域取得的巨大成就，2010年，他被授予法国儿童图书大奖——“魔法师特别大奖”。他的画风简洁、活泼可爱，文笔则透露出机智和幽默，深受小朋友们的喜爱。这套专门为学龄前儿童创作的图画书简约但不简单，作者精心选取了自然界中孩子们最感兴趣的多种动物，用幽默风趣的绘画和简洁明了的文字描绘了这些动物或广为人知，或普通人鲜有耳闻的行为和习性，从而帮助孩子们走近和了解这些动物。通过阅读这些书，孩子们了解到：童话中的大灰狼在现实中也有它害怕的天敌；勤劳的蜜蜂是舞蹈高手，因为它们要通过跳舞来传递信息；大猩猩和人类一样，也会使用工具；雄狮的工作不是捕食，而是巡视领地……这些知识对孩子们而言十分容易理解和接受，孩子们通过阅读，能感受动物世界的神奇与美好，而这也正是作者希望通过这些书传递给小读者们的情感。

作为一名科普教育工作者，我为孩子们有机会读到这样的优质图书而高兴。希望孩子们在阅读之后，能更好地感知和认识动物的生存价值，尊重和爱护它们；将动物当作人类真正的朋友，不去伤害它们，和它们和平共处，共同维护更加美好的地球家园。

让我们一起走进美好的动物世界，去感受自然的神奇和伟大吧！

“鲸鱼是很难被观察到的，

需要非常幸运，

才能有机会发现一只。”

鲸鱼并不是鱼类，

它需要时不时地露出海面呼吸。

但是，鲸鱼能在水下屏住呼吸，

长达一个小时！

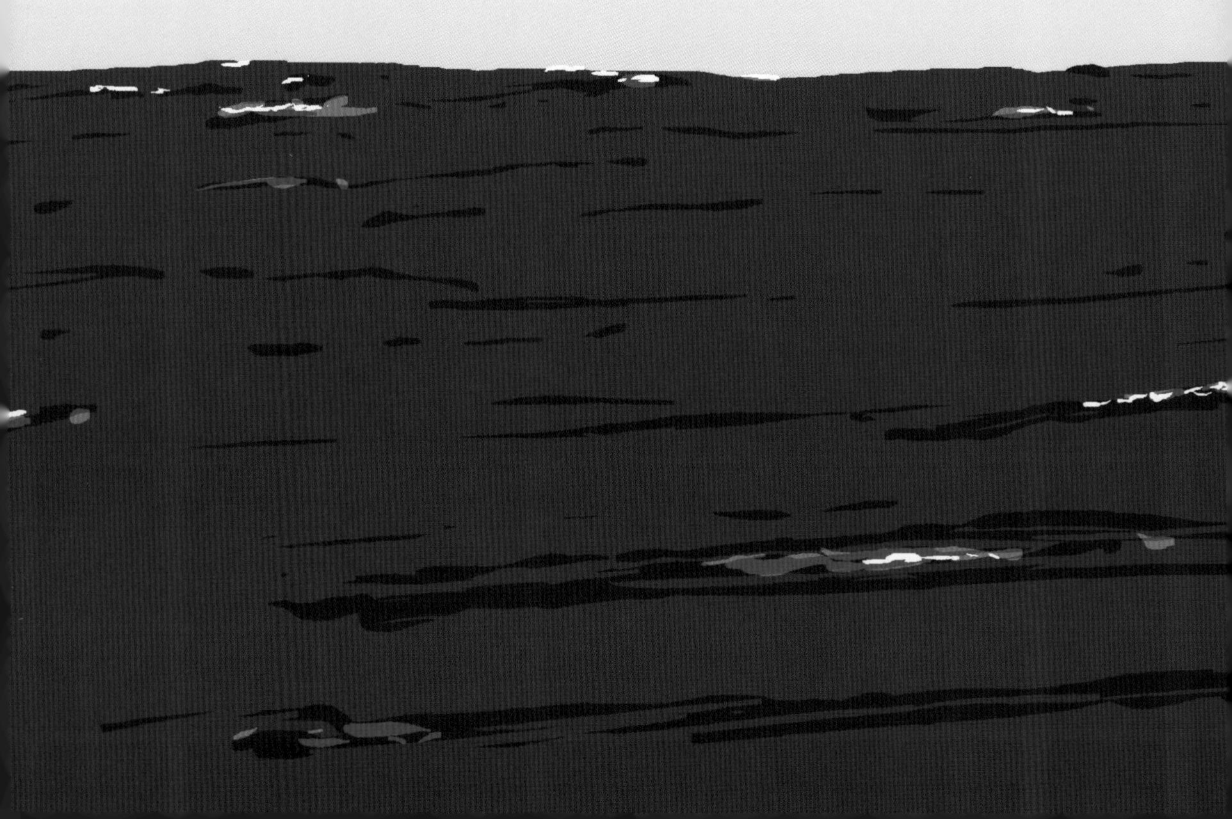

1
2
3

鲸鱼里的蓝鲸是

地球上现存最大的动物。

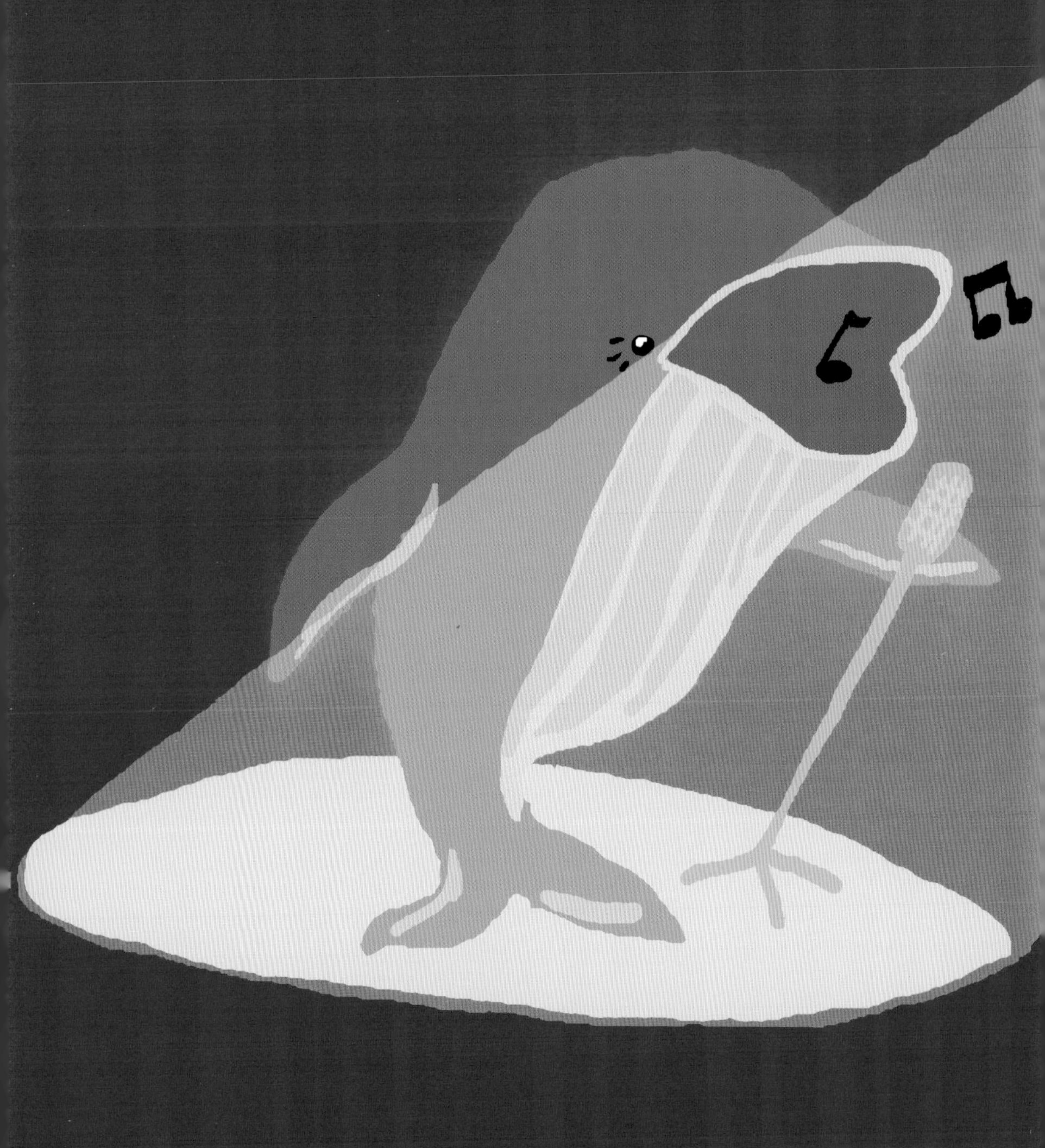

鲸鱼能发出一些声音，

就像它会唱歌一样。

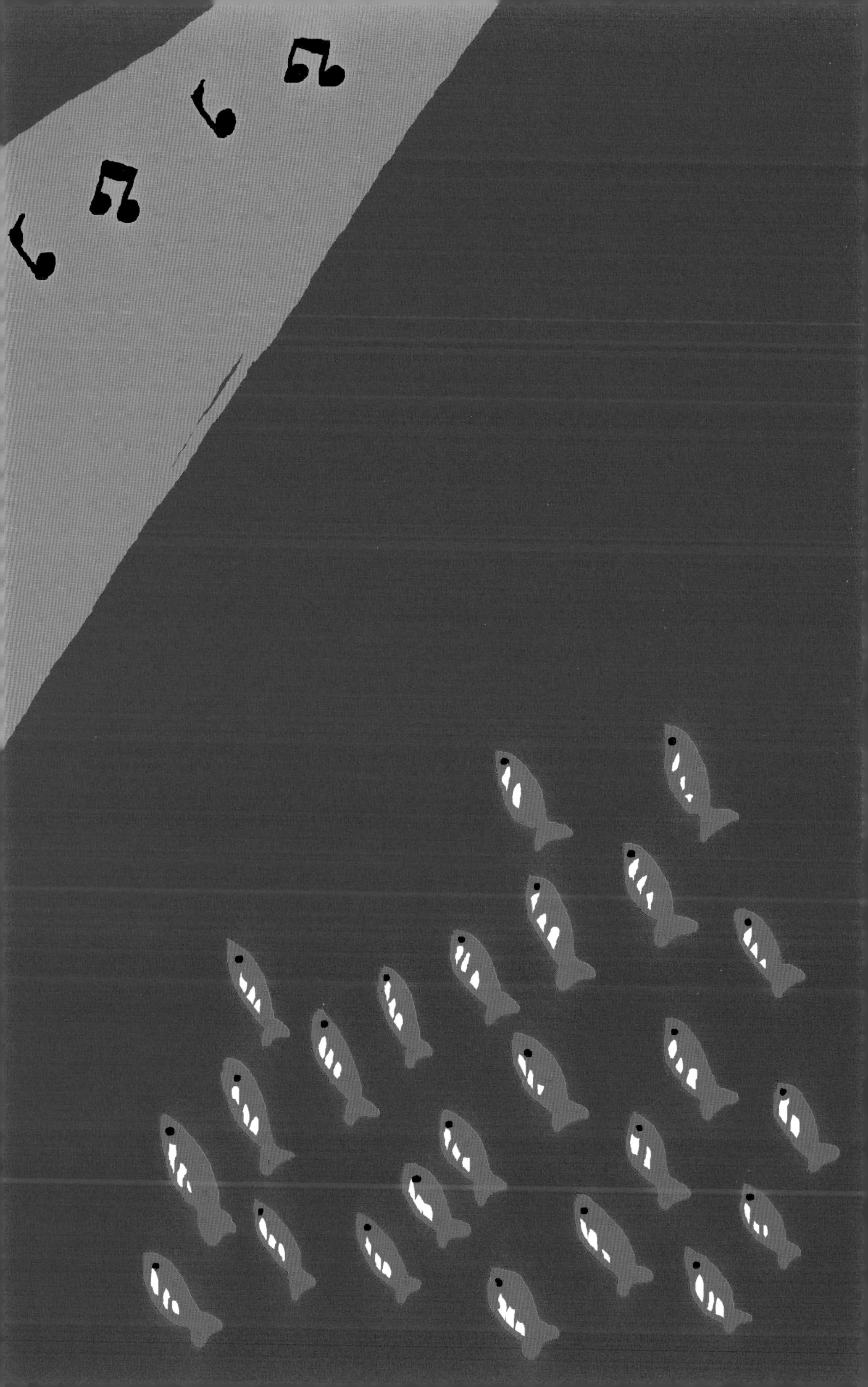

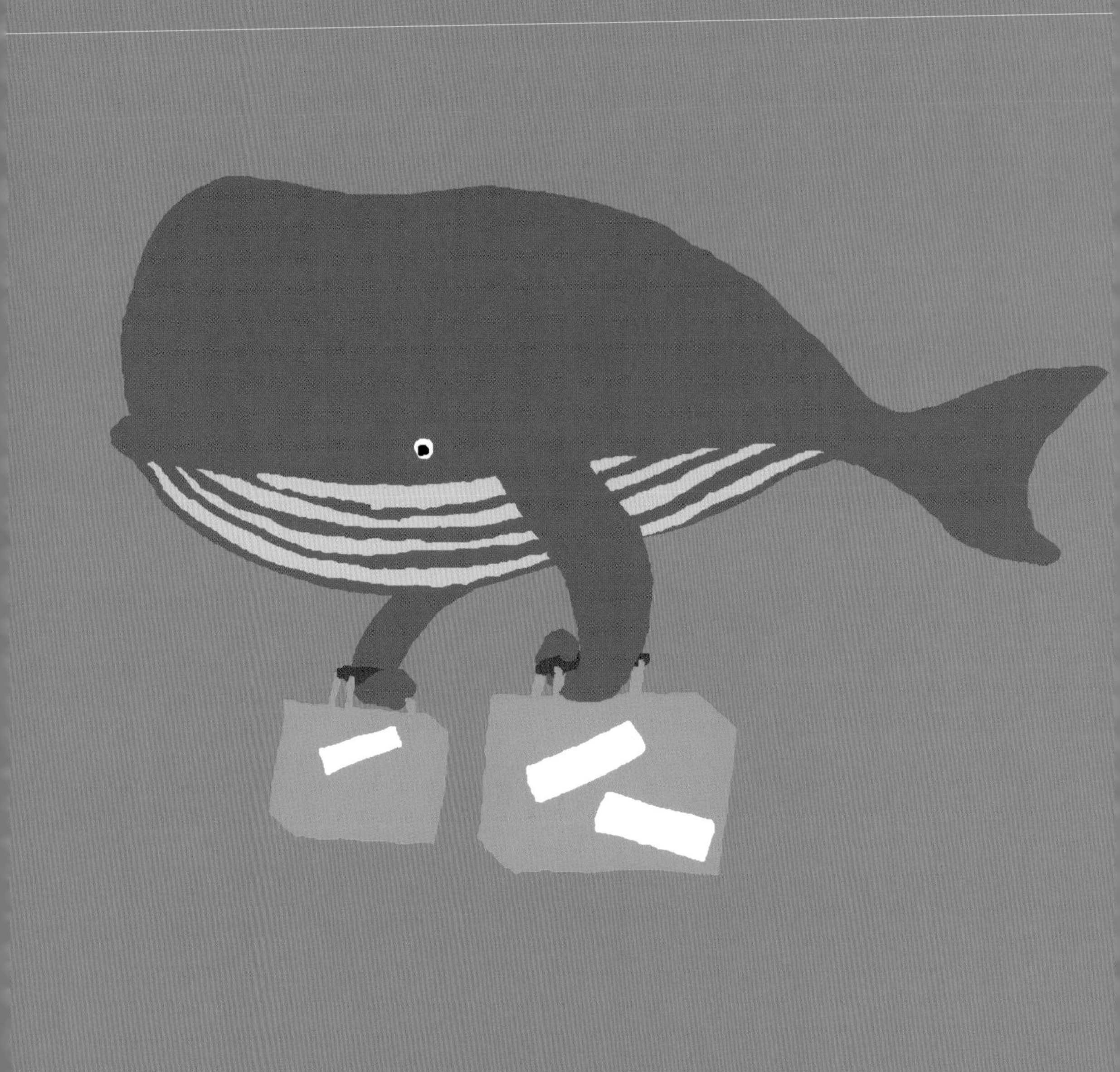

每一年，
鲸鱼都会穿越大洋，
开展一次长途旅行。

刚出生的鲸鱼宝宝并不会游泳，

鲸鱼妈妈得教它怎么游。

鲸鱼宝宝每天都要喝奶。

一些鲸鱼有牙齿，

一些没有。

没有牙齿的鲸鱼

能一口吞下成千上万只小虾米。

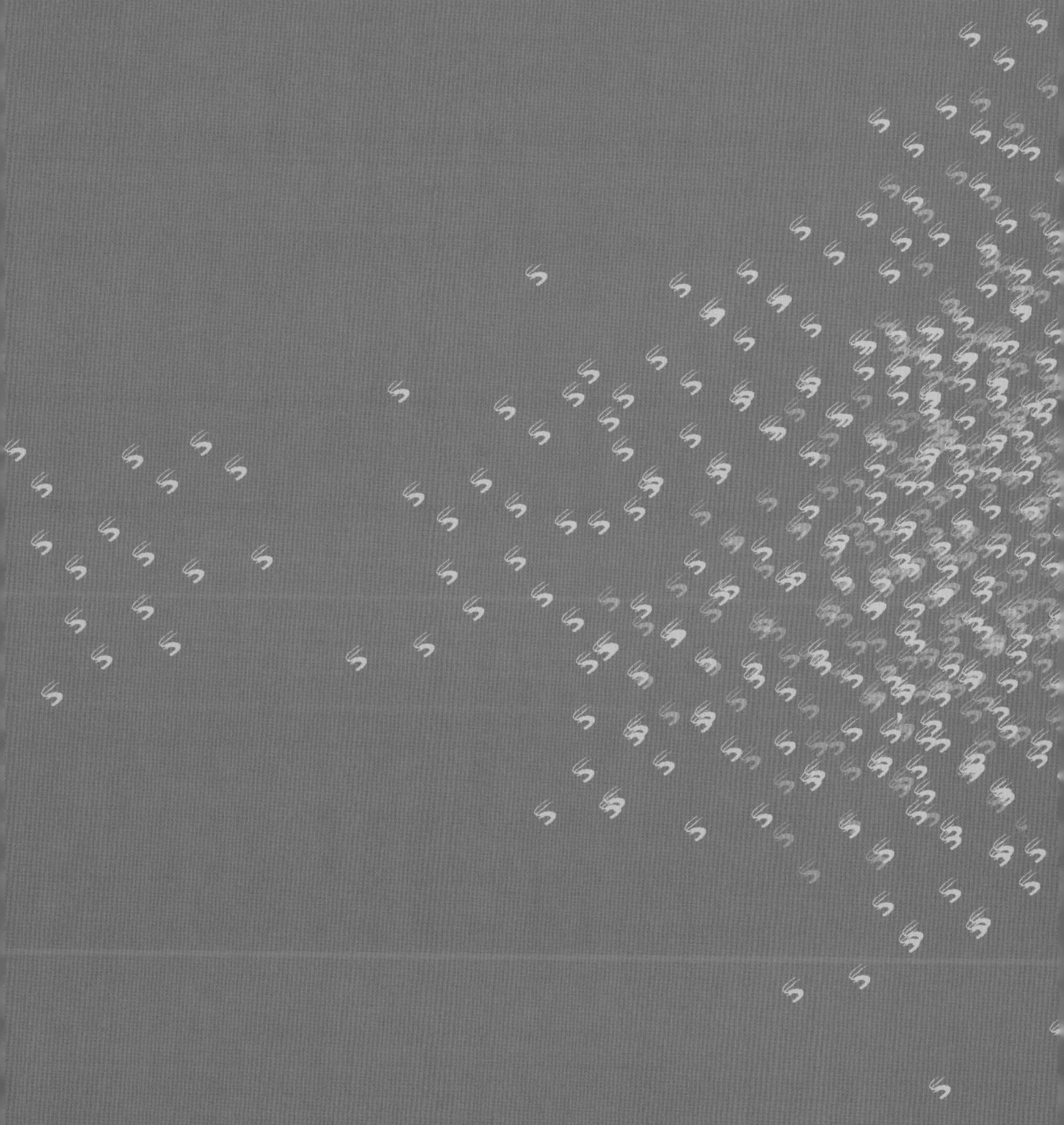

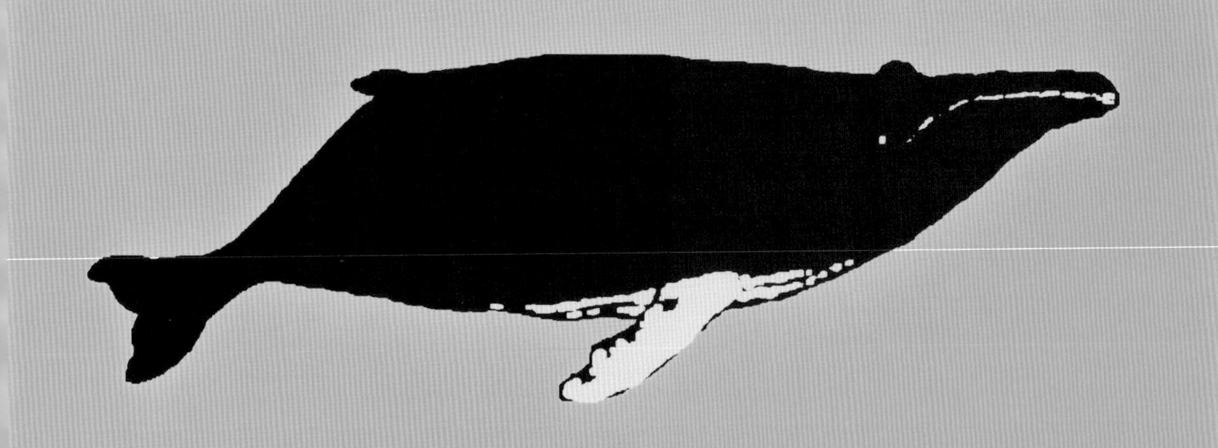

鲸鱼的种类多种多样:

有不同形状的,

有不同颜色的，

还有不同大小的。

“好了，这就是我观察到的

关于鲸鱼的一切。咱们一会儿岸上见！”

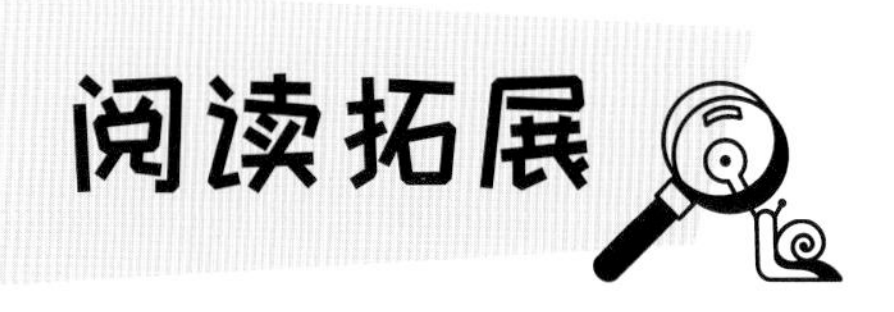

阅读拓展

鲸鱼叫鱼，却不是鱼。曾经，鲸鱼的祖先和其他哺乳动物一样，都在陆地上生活，随着环境的变化，它们选择进入海洋。在历尽艰辛后，它们的身体结构发生了巨大的变化，但哺乳动物的特征都还保留着。

为了更好地适应在水中的生活，鲸演化出了多种本领：几乎消失的腿骨使得尾部更具有流线型；声呐系统可以完美地在海中完成雷达监控的工作；光滑的皮肤、生长在头顶的鼻孔，还有不容易被发现的鲸须……

现在，越来越多的城市兴建了海洋公园，这让孩子们近距离了解海洋的奥秘有了更多可去之处。可另一方面，这些动物在脱离了原本熟悉的自然环境后，变得更加不安和焦躁，因为只有大海才是它们真正的家园。

图书在版编目（CIP）数据

大艺术家讲萌趣动物．鲸鱼 /（法）蒂埃里·德迪厄著、绘；郑宇芳译．-- 成都：四川科学技术出版社，2021.8

ISBN 978-7-5727-0205-1

Ⅰ．①大… Ⅱ．①蒂… ②郑… Ⅲ．①动物－儿童读物②鲸－儿童读物 Ⅳ．① Q95-49 ② Q959.841-49

中国版本图书馆CIP数据核字(2021)第156539号

著作权合同登记图进字21-2021-249号

La baleine
By Thierry Dedieu

大艺术家讲萌趣动物·鲸鱼

DA YISHUJIA JIANG MENG QU DONGWU · JINGYU

出 品 人	程佳月		
著　　者	［法］蒂埃里·德迪厄		
译　　者	郑宇芳		
责任编辑	梅　红		
助理编辑	张　姗		
策　　划	奇想国童书		
特约编辑	李　辉		
特约美编	李困困		
责任出版	欧晓春		
出版发行	四川科学技术出版社 成都市槐树街2号　邮政编码：610031 官方微博：http://weibo.com/sckjcbs 官方微信公众号：sckjcbs 传真：028-87734035		
成品尺寸	180mm × 260mm	印　　张	2
字　　数	40千	印　　刷	河北鹏润印刷有限公司
版　　次	2021年10月第1版	印　　次	2021年10月第1次印刷
定　　价	16.80元	ISBN 978-7-5727-0205-1	

本社发行部邮购组地址：四川省成都市槐树街2号 电话：028-87734035 邮政编码：610031